重庆市建设工程费用定额

CQFYDE—2018

批准部门：重庆市城乡建设委员会

重庆市发展和改革委员会

重庆市财政局

主编部门：重庆市城乡建设委员会

主编单位：重庆市建设工程造价管理总站

参编单位：重庆市轨道交通(集团)有限公司

重庆恒诺建设工程咨询有限公司

施行日期：2018年8月1日

重庆大学出版社

图书在版编目(CIP)数据

重庆市建设工程费用定额/重庆市建设工程造价管理总站主编.——重庆:重庆大学出版社,2018.7(2019.6重印)

ISBN 978-7-5689-1233-4

Ⅰ.①重… Ⅱ.①重… Ⅲ.①建筑工程—建筑预算定额—重庆 Ⅳ.①TU723.3

中国版本图书馆CIP数据核字(2018)第141115号

重庆市建设工程费用定额

CQFYDE—2018

重庆市建设工程造价管理总站 主编

责任编辑:刘颖果 版式设计:刘颖果

责任校对:杨育彪 责任印制:张 策

*

重庆大学出版社出版发行

出版人:易树平

社址:重庆市沙坪坝区大学城西路21号

邮编:401331

电话:(023) 88617190 88617185(中小学)

传真:(023) 88617186 88617166

网址:http://www.cqup.com.cn

邮箱:fxk@cqup.com.cn(营销中心)

全国新华书店经销

重庆市正前方彩色印刷有限公司印刷

*

开本:890mm×1240mm 1/16 印张:4.25 字数:137千

2018年7月第1版 2019年6月第2次印刷

ISBN 978-7-5689-1233-4 定价:30.00元

前 言

为合理确定和有效控制工程造价，提高工程投资效益，维护发承包人合法权益，促进建设市场健康发展，我们组织重庆市建设、设计、施工及造价咨询企业，编制了2018年《重庆市建设工程费用定额》CQFYDE—2018。

在执行过程中，请各单位注意积累资料，总结经验，如发现需要修改和补充之处，请将意见和有关资料提交至重庆市建设工程造价管理总站（地址：重庆市渝中区长江一路58号），以便及时研究解决。

领导小组

组　　长：乔明佳

副 组 长：李　明　熊　雪　封　毅

成　　员：夏太凤　张　琦　罗天菊　李茂涛　包西柱　杨万洪　冉龙彬　刘　洁　黄　刚

综 合 组

组　　长：张　琦

副 组 长：杨万洪　冉龙彬　刘　洁　黄　刚

成　　员：刘绍均　邱成英　傅　煜　娄　进　王鹏程　吴红杰　任玉兰　黄　怀　李　莉

编 制 组

组　　长：吴红杰

编制人员：李　莉　陈家玉　杨晓君　胡全忠

材 料 组

组　　长：邱成英

编制人员：徐　进　吕　静　李现峰　刘　芳　刘　畅　唐　波　王　红

审查专家：龚凡云　江　涛　何春生　罗定国　母克勤　吴生久　吴学伟　蒋文泽　范陵江　杨荣华　王　东　雷　林　潘绍荣　雷　敏　李华勤　孙　彬

计算机辅助：成都鹏业软件股份有限公司　杨　浩　张福伦

重庆市城乡建设委员会
重庆市发展和改革委员会文件
重庆市财政局

渝建发〔2018〕29号

关于颁发2018年《重庆市建设工程费用定额》的通知

各区县(自治县)城乡建委(建设局)、发展改革委、财政局,有关部门及单位:

为合理确定和有效控制工程造价,提高工程投资效益,规范建设市场计价行为,推动建设行业持续健康发展,根据住房和城乡建设部、财政部《建筑安装工程费用项目组成》(建标〔2013〕44号)、《建设工程工程量清单计价规范》GB 50500－2013等规定,结合我市实际,我们编制了2018年《重庆市建设工程费用定额》(以下简称本定额),现予以颁发,并将有关事宜通知如下:

一、本定额自2018年8月1日起在新开工的建设工程中执行,在此之前已发出招标文件或已签订施工合同的工程仍按原招标文件或施工合同执行。

二、本定额与2018年《重庆市房屋建筑与装饰工程计价定额》、《重庆市仿古建筑工程计价定额》、《重庆市通用安装工程计价定额》、《重庆市市政工程计价定额》、《重庆市园林绿化工程计价定额》、《重庆市构筑物工程计价定额》、《重庆市城市轨道交通工程计价定额》、《重庆市爆破工程计价定额》、《重庆市房屋修缮工程计价定额》、《重庆市绿色建筑工程计价定额》和《重庆市建设工程施工机械台班定额》、《重庆市建设工程施工仪器仪表台班定额》、《重庆市建设工程混凝土及砂浆配合比表》配套执行。

三、2008年颁发的《重庆市建设工程费用定额》、2011年颁发的《重庆市城市轨道交通工程费用定额》以及有关解释和规定,自2018年8月1日起停止使用。

四、本定额由重庆市建设工程造价管理总站负责管理和解释。

重庆市城乡建设委员会

重庆市发展和改革委员会

重庆市财政局

2018年5月2日

目　录

第一章　总说明

一、《重庆市建设工程费用定额》CQFYDE－2018(以下简称本定额)，是为合理确定和有效控制工程造价，提高工程投资效益，根据《建筑安装工程费用项目组成》(建标〔2013〕44 号)、《关于全面推开营业税改征增值税试点的通知 》(财税〔2016〕36 号)、《关于调整增值税税率的通知》(财税〔2018〕32 号)、《建设工程工程量清单计价规范》GB 50500－2013、《重庆市建设工程工程量清单计价规则》CQJJGZ－2013 等规定，结合本市实际情况进行编制的。

二、本定额是本市行政区域内国有资金投资的建设工程编制和审核施工图预算、招标控制价(最高投标限价)、工程结算的依据，是编制投标报价的参考，也是编制概算定额和投资估算指标的基础。

编制投标报价时，除费用组成、费用内容、计价程序、有关说明以及工程费用中的规费、安全文明施工费、税金标准应执行本定额外，其他费用标准投标人可结合建设工程和施工企业实际情况自主确定。

非国有资金投资的建设工程可参照本定额规定执行。

三、本定额与 2018 年《重庆市房屋建筑与装饰工程计价定额》CQJZZSDE－2018、《重庆市仿古建筑工程计价定额》CQFGDE－2018、《重庆市通用安装工程计价定额》CQAZDE－2018、《重庆市市政工程计价定额》CQSZDE－2018、《重庆市园林绿化工程计价定额》CQYLLHDE－2018、《重庆市构筑物工程计价定额》CQGZWDE－2018、《重庆市城市轨道交通工程计价定额》CQGDDE－2018、《重庆市爆破工程计价定额》CQBPDE－2018、《重庆市房屋修缮工程计价定额》CQXSDE－2018、《重庆市绿色建筑工程计价定额》CQLSJZDE－2018、《重庆市建设工程施工机械台班定额》CQJXDE－2018、《重庆市建设工程施工仪器仪表台班定额》CQYQYBDE－2018、《重庆市建设工程混凝土及砂浆配合比表》CQPHBB－2018 配套执行。

第二章　建筑安装工程费用项目组成及内容

一、建筑安装工程费用项目组成

建筑安装工程费由分部分项工程费、措施项目费、其他项目费、规费、税金组成，见下表。

建筑安装工程费用项目组成表

<table>
<tr><td rowspan="29">建筑安装工程费</td><td>分部分项工程费</td><td colspan="3">建筑安装工程的分部分项工程费</td></tr>
<tr><td rowspan="13">措施项目费</td><td rowspan="5">施工技术措施项目费</td><td colspan="2">特、大型施工机械设备进出场及安拆费</td></tr>
<tr><td colspan="2">脚手架费</td></tr>
<tr><td colspan="2">混凝土模板及支架费</td></tr>
<tr><td colspan="2">施工排水及降水费</td></tr>
<tr><td colspan="2">其他技术措施费</td></tr>
<tr><td rowspan="8">施工组织措施项目费</td><td rowspan="5">组织措施费</td><td>夜间施工增加费</td></tr>
<tr><td>二次搬运费</td></tr>
<tr><td>冬雨季施工增加费</td></tr>
<tr><td>已完工程及设备保护费</td></tr>
<tr><td>工程定位复测费</td></tr>
<tr><td colspan="2">安全文明施工费</td></tr>
<tr><td colspan="2">建设工程竣工档案编制费</td></tr>
<tr><td colspan="2">住宅工程质量分户验收费</td></tr>
<tr><td rowspan="4">其他项目费</td><td colspan="3">暂列金额</td></tr>
<tr><td colspan="3">暂估价</td></tr>
<tr><td colspan="3">计日工</td></tr>
<tr><td colspan="3">总承包服务费</td></tr>
<tr><td rowspan="6">规费</td><td colspan="2" rowspan="5">社会保险费</td><td>养老保险费</td></tr>
<tr><td>工伤保险费</td></tr>
<tr><td>医疗保险费</td></tr>
<tr><td>生育保险费</td></tr>
<tr><td>失业保险费</td></tr>
<tr><td colspan="3">住房公积金</td></tr>
<tr><td rowspan="5">税金</td><td colspan="3">增值税</td></tr>
<tr><td colspan="3">城市维护建设税</td></tr>
<tr><td colspan="3">教育费附加</td></tr>
<tr><td colspan="3">地方教育附加</td></tr>
<tr><td colspan="3">环境保护税</td></tr>
</table>

二、建筑安装工程费用项目内容

（一）分部分项工程费是指建筑安装工程的分部分项工程发生的人工费、材料费、施工机具使用费、企业管理费、利润和一般风险费。

1.人工费：是指按工资总额构成规定，支付给从事建筑安装工程施工的生产工人和附属生产单位工人的各项费用。内容包括：

（1）计时工资或计件工资：是指按计时工资标准和工作时间或对已做工作按计件单价支付给个人的劳动报酬。

（2）奖金：是指对超额劳动和增收节支支付给个人的劳动报酬。

（3）津贴补贴：是指为了补偿职工特殊或额外的劳动消耗和因其他特殊原因支付给个人的津贴，以及为了保证职工工资水平不受物价影响支付给个人的物价补贴。

（4）加班加点工资：是指按规定支付的在法定节假日工作的加班工资和在法定日工作时间外延时工作的加点工资。

（5）特殊情况下支付的工资：是指根据国家法律、法规和政策规定，因病、工伤、产假、计划生育假、婚丧假、事假、探亲假、定期休假、停工学习、执行国家或社会义务等原因按计时工资标准或计件工资标准的一定比例支付的工资。

2.材料费：是指施工过程中耗费的原材料、辅助材料、构配件、零件、半成品或成品、工程设备的费用。内容包括：

（1）材料原价：是指材料、工程设备的出厂价格或商家供应价格。

（2）运杂费：是指材料、工程设备自来源地运至工地仓库或指定堆放地点所发生的全部费用。

（3）运输损耗费：是指材料在运输装卸过程中不可避免的损耗。

（4）采购及保管费：是指为组织采购、供应和保管材料、工程设备的过程中所需要的各项费用。包括采购费、仓储费、工地保管费、仓储损耗。

工程设备是指构成或计划构成永久工程一部分的机电设备、金属结构设备、仪器装置及其他类似的设备和装置。

3.施工机具使用费：是指施工作业所发生的施工机械、仪器仪表使用费。

（1）施工机械使用费：是指施工机械作业所发生的施工使用费以及机械安拆费和场外运输费。施工机械台班单价由下列七项费用组成：

1）折旧费：是指施工机械在规定的耐用总台班内，陆续收回其原值的费用。

2）检修费：是指施工机械在规定的耐用总台班内，按规定的检修间隔进行必要的检修，以恢复其正常功能所需的费用。

3）维护费：是指施工机械在规定的耐用总台班内，按规定的维护间隔进行各级维护和临时故障排除所需的费用。保障机械正常运转所需替换设备与随机配备工具附具的摊销费用、机械运转及日常维护所需润滑与擦拭的材料费用及机械停滞期间的维护费用等。

4）安拆费及场外运费：安拆费是指中、小型施工机械在现场进行安装与拆卸所需的人工、材料、机械和试运转费用以及机械辅助设施的折旧、搭设、拆除等费用；场外运费是指中、小型施工机械整体或分体自停放地点运至施工现场或由一施工地点运至另一施工地点的运输、装卸、辅助材料、回程等费用。

5）人工费：是指机上司机（司炉）和其他操作人员的人工费。

6）燃料动力费：是指施工机械在运转作业中所耗用的燃料及水、电等费用。

7）其他费：是指施工机械按照国家规定应缴纳的车船税、保险费及检测费等。

（2）仪器仪表使用费：是指工程施工所需使用的仪器仪表的摊销及维修费用。

4.企业管理费：是指建筑安装企业组织施工生产和经营管理所需的费用。内容包括：

（1）管理人员工资：是指按规定支付给管理人员的计时工资、奖金、津贴补贴、加班加点工资及特殊情况下支付的工资等。

(2)办公费：是指企业管理办公用的文具、纸张、账表、印刷、邮电、书报、办公软件、现场监控、会议、水电、烧水和集体取暖降温(包括现场临时宿舍取暖降温)等费用。

(3)差旅交通费：是指职工因公出差、调动工作的差旅费、住勤补助费，市内交通费和误餐补助费，职工探亲路费，劳动力招募费，职工退休、退职一次性路费，工伤人员就医路费，工地转移费以及管理部门使用的交通工具的油料、燃料等费用。

(4)固定资产使用费：是指管理和试验部门及附属生产单位使用的属于固定资产的房屋、设备、仪器等的折旧、大修、维修或租赁费。

(5)工具用具使用费：是指企业施工生产和管理使用的不属于固定资产的工具、器具、家具、交通工具和检验、试验、测绘、消防用具等的购置、维修和摊销费。

(6)劳动保险和职工福利费：是指由企业支付的职工退职金、按规定支付给离休干部的经费，集体福利费、夏季防暑降温、冬季取暖补贴、上下班交通补贴等。

(7)劳动保护费：是企业按规定发放的劳动保护用品的支出。如工作服、手套、防暑降温饮料以及在有碍身体健康的环境中施工的保健费用等。

(8)工会经费：是指企业按《工会法》规定的全部职工工资总额比例计提的工会经费。

(9)职工教育经费：是指按职工工资总额的规定比例计提，企业为职工进行专业技术和职业技能培训，专业技术人员继续教育、职工职业技能鉴定、职业资格认定以及根据需要对职工进行各类文化教育所发生的费用。

(10)财产保险费：是指施工管理用财产、车辆等的保险费用。

(11)财务费：是指企业为施工生产筹集资金或提供预付款担保、履约担保、职工工资支付担保等所发生的各种费用。

(12)税金：是指企业按规定缴纳的房产税、车船使用税、土地使用税、印花税等。

(13)其他：包括技术转让费、技术开发费、投标费、业务招待费、广告费、公证费、法律顾问费、审计费、咨询费、保险费、建设工程综合(交易)服务费及配合工程质量检测取样送检或为送检单位在施工现场开展有关工作所发生的费用等。

5.利润：是指施工企业完成所承包工程获得的盈利。

6.风险费：是指一般风险费和其他风险费。

(1)一般风险费：是指工程施工期间因停水、停电，材料设备供应，材料代用等不可预见的一般风险因素影响正常施工而又不便计算的损失费用。内容包括：一月内临时停水、停电在工作时间16小时以内的停工、窝工损失；建设单位供应材料设备不及时，造成的停工、窝工每月在8小时以内的损失；材料的理论质量与实际质量的差；材料代用。但不包括建筑材料中钢材的代用。

(2)其他风险费：是指一般风险费外，招标人根据《建设工程工程量清单计价规范》(GB 50500－2013)、《重庆市建设工程工程量清单计价规则》(CQJJGZ－2013)的有关规定，在招标文件中要求投标人承担的人工、材料、机械价格及工程量变化导致的风险费用。

(二)措施项目费：是指建筑安装工程施工前和施工过程中发生的技术、生活、安全、环境保护等费用，包括人工费、材料费、施工机具使用费、企业管理费、利润和一般风险费。措施项目费分为施工技术措施项目费与施工组织措施项目费。

1.施工技术措施项目费包括：

(1)特、大型施工机械设备进出场及安拆费：进出场费是指特、大型施工机械整体或分体自停放地点运至施工现场或由一施工地点运至另一施工地点的运输、装卸、辅助材料、回程等费用；安拆费是指特、大型施工机械在现场进行安装与拆卸所需的人工、材料、机械和试运转费用以及机械辅助设施的折旧、搭设、拆除等费用。

(2)脚手架费：是指施工需要的各种脚手架搭、拆、运输费用以及脚手架购置费的摊销或租赁费用。

(3)混凝土模板及支架费：是指混凝土施工过程中需要的各种模板和支架等的支、拆、运输费用以及模板、支架的摊销或租赁费用。

(4)施工排水及降水费:是指为确保工程在正常条件下施工,采取各种排水、降水措施所发生的各种费用。

(5)其他技术措施费:是指除上述措施项目外,各专业工程根据工程特征所采用的措施项目费用,具体项目见下表。

专业工程	施工技术措施项目
房屋建筑与装饰工程	垂直运输、超高施工增加
仿古建筑工程	垂直运输
通用安装工程	垂直运输、超高施工增加、组装平台、抱(拔)杆、防护棚、胎(膜)具、充气保护
市政工程	围堰、便道及便桥、洞内临时设施、构件运输
园林绿化工程	树木支撑架、草绳绕树干、搭设遮荫(防寒)、围堰
构筑物工程	垂直运输
城市轨道交通工程	围堰、便道及便桥、洞内临时设施、构件运输
爆破工程	爆破安全措施项目

注:上表内未列明的施工技术措施项目,可根据各专业工程实际情况增加。

2.施工组织措施项目费包括:

(1)组织措施费

1)夜间施工增加费:是指因夜间施工所发生的夜班补助费、夜间施工降效、夜间施工照明设备摊销及照明用电等费用。

2)二次搬运费:是指因施工场地条件限制而发生的材料、构配件、半成品等一次运输不能到达堆放地点,必须进行二次或多次搬运所发生的费用。

3)冬雨季施工增加费:是指在冬季或雨季施工需增加的临时设施、防滑、排除雨雪,人工及施工机械效率降低等费用。

4)已完工程及设备保护费:是指竣工验收前,对已完工程及设备采取的必要保护措施所发生的费用。

5)工程定位复测费:是指工程施工过程中进行全部施工测量放线、复测费用。

(2)安全文明施工费

1)环境保护费:是指施工现场为达到环保部门要求所需要的各项费用。

2)文明施工费:是指施工现场文明施工所需要的各项费用。

3)安全施工费:是指施工现场安全施工所需要的各项费用。

4)临时设施费:是指施工企业为进行建设工程施工所必须搭设的生活和生产用的临时建筑物、构筑物和其他临时设施费用。包括临时设施的搭设、维修、拆除、清理和摊销费等。

(3)建设工程竣工档案编制费:是指施工企业根据建设工程档案管理的有关规定,在建设工程施工过程中收集、整理、制作、装订、归档具有保存价值的文字、图纸、图表、声像、电子文件等各种建设工程档案资料所发生的费用。

(4)住宅工程质量分户验收费:是指施工企业根据住宅工程质量分户验收规定,进行住宅工程分户验收工作发生的人工、材料、检测工具、档案资料等费用。

(三)其他项目费:是指由暂列金额、暂估价、计日工和总承包服务费组成的其他项目费用。包括人工费、材料费、施工机具使用费、企业管理费、利润和一般风险费。

1.暂列金额:是指招标人在工程量清单中暂定并包括在工程合同价款中的一笔款项。用于施工合同签订时尚未确定或者不可预见的所需材料、工程设备、服务的采购,施工中可能发生的工程变更、合同约定调整因素出现时的工程价款调整以及发生的索赔、现场签证确认等的费用。

2.暂估价:是指招标人在工程量清单中提供的用于支付必然发生但暂时不能确定价格的材料、工程设备的单价以及专业工程的金额。

3.计日工:是指在施工过程中,承包人完成发包人提出的施工图纸以外的零星项目或工作,按合同约定计算所需的费用。

4.总承包服务费：是指总承包人为配合协调发包人进行专业工程分包，同期施工时提供必要的简易架料、垂直吊运和水电接驳、竣工资料汇总整理等服务所需的费用。

（四）规费：是指根据国家法律、法规规定，由省级政府和省级有关权力部门规定必须缴纳或计取的费用。包括：

1.社会保险费

（1）养老保险费：是指企业按照规定标准为职工缴纳的基本养老保险费。

（2）工伤保险费：是指企业按照规定标准为职工缴纳的工伤保险费。

（3）医疗保险费：是指企业按照规定标准为职工缴纳的基本医疗保险费。

（4）生育保险费：是指企业按照规定标准为职工缴纳的生育保险费。

（5）失业保险费：是指企业按照规定标准为职工缴纳的失业保险费。

2.住房公积金：是指企业按规定标准为职工缴纳的住房公积金。

（五）税金：是指国家税法规定的应计入建筑安装工程造价的增值税、城市维护建设税、教育费附加、地方教育附加以及环境保护税。

第三章　建筑安装工程费用标准

一、工程费用标准

(一)企业管理费、组织措施费、利润、规费和风险费

1.房屋建筑工程，仿古建筑工程，构筑物工程，市政工程，城市轨道交通的盾构工程、高架桥工程、地下工程、轨道工程，机械(爆破)土石方工程，围墙工程，房屋建筑修缮工程以定额人工费与定额施工机具使用费之和为费用计算基础，费用标准见下表。

专业工程		一般计税法			简易计税法			利润(%)	规费(%)
		企业管理费(%)	组织措施费(%)	一般风险费(%)	企业管理费(%)	组织措施费(%)	一般风险费(%)		
房屋建筑工程	公共建筑工程	24.10	6.20	1.5	24.47	6.61	1.6	12.92	10.32
	住宅工程	25.60	6.88		25.99	7.33		12.92	10.32
	工业建筑工程	26.10	7.90		26.50	8.42		13.30	10.32
仿古建筑工程		17.76	5.87	1.6	18.03	6.25	1.71	8.24	7.2
构筑物工程	烟囱、水塔、筒仓	24.29	6.56	1.6	24.66	6.99	1.71	12.46	9.25
	贮池、生化池	39.16	10.86		39.75	11.57		21.89	9.25
市政工程	道路工程	45.18	13.31	1.6	45.87	14.18	1.71	24.44	11.46
	桥梁工程	39.08	9.91	2.0	39.67	10.56	2.14	17.18	11.46
	隧道工程	31.86	8.72		32.34	9.29		12.71	11.46
	广(停车)场	20.6	5.53	1.5	20.91	5.89	1.6	10.83	11.46
	排水工程	44.85	11.20		45.53	11.93		19.93	11.46
	涵洞工程	33.72	8.54		34.23	9.10		20.20	11.46
	挡墙工程	18.46	5.39		18.74	5.74		7.70	11.46
城市轨道交通工程	盾构工程	8.07	3.21	1.6	8.19	3.42	1.71	4.47	7.2
	高架桥工程	29.79	6.92		30.25	7.38		14.00	12.59
	地下工程	30.01	7.02		30.47	7.48		13.82	12.59
	轨道工程	69.10	18.64		70.15	19.86		39.94	12.59
机械(爆破)土石方工程		18.40	4.80	1.2	18.68	5.11	1.28	7.64	7.2
围墙工程		18.97	5.66	1.5	19.26	6.03	1.6	7.82	7.2
房屋建筑修缮工程		18.51	5.55	—	18.79	5.91	—	8.45	7.2

注：房屋建筑修缮工程不计算一般风险费。除一般风险费以外的其他风险费，按招标文件要求的风险内容及范围确定。

2. 装饰工程、幕墙工程、园林绿化工程、通用安装工程、市政安装工程、城市轨道交通安装工程、房屋安装修缮工程、房屋单拆除工程、人工土石方工程以定额人工费为费用计算基础，费用标准见下表。

<table>
<tr><th colspan="2" rowspan="2">专业工程</th><th colspan="3">一般计税法</th><th colspan="3">简易计税法</th><th rowspan="2">利润
(%)</th><th rowspan="2">规费
(%)</th></tr>
<tr><th>企业
管理费
(%)</th><th>组织
措施费
(%)</th><th>一般
风险费
(%)</th><th>企业
管理费
(%)</th><th>组织
措施费
(%)</th><th>一般
风险费
(%)</th></tr>
<tr><td colspan="2">装饰工程</td><td>15.61</td><td>8.63</td><td>1.8</td><td>15.85</td><td>9.19</td><td>1.92</td><td>9.61</td><td>15.13</td></tr>
<tr><td colspan="2">幕墙工程</td><td>17.54</td><td>9.79</td><td>2.0</td><td>17.81</td><td>10.43</td><td>2.14</td><td>10.85</td><td>15.13</td></tr>
<tr><td rowspan="2">园林绿化工程</td><td>园林工程</td><td>7.08</td><td>3.62</td><td rowspan="2">1.8</td><td>7.19</td><td>3.86</td><td rowspan="2">1.92</td><td>4.35</td><td>8.2</td></tr>
<tr><td>绿化工程</td><td>5.61</td><td>2.86</td><td>5.70</td><td>3.05</td><td>3.08</td><td>8.2</td></tr>
<tr><td rowspan="11">通用安装工程</td><td>机械设备安装工程</td><td>24.65</td><td>10.08</td><td rowspan="11">2.8</td><td>25.02</td><td>10.74</td><td rowspan="11">2.99</td><td>20.12</td><td>18.00</td></tr>
<tr><td>热力设备安装工程</td><td>26.89</td><td>10.15</td><td>27.30</td><td>10.81</td><td>20.07</td><td>18.00</td></tr>
<tr><td>静置设备与工艺金属结构制作安装工程</td><td>29.81</td><td>10.71</td><td>30.26</td><td>11.41</td><td>22.35</td><td>18.00</td></tr>
<tr><td>电气设备安装工程</td><td>38.17</td><td>16.39</td><td>38.75</td><td>17.46</td><td>27.43</td><td>18.00</td></tr>
<tr><td>建筑智能化安装工程</td><td>32.53</td><td>12.93</td><td>33.03</td><td>13.77</td><td>26.36</td><td>18.00</td></tr>
<tr><td>自动化控制仪表安装工程</td><td>32.38</td><td>13.53</td><td>32.87</td><td>14.42</td><td>26.65</td><td>18.00</td></tr>
<tr><td>通风空调安装工程</td><td>27.18</td><td>10.73</td><td>27.59</td><td>11.44</td><td>21.23</td><td>18.00</td></tr>
<tr><td>工业管道安装工程</td><td>24.65</td><td>10.25</td><td>25.03</td><td>10.92</td><td>22.13</td><td>18.00</td></tr>
<tr><td>消防工程</td><td>26.13</td><td>11.04</td><td>26.53</td><td>11.76</td><td>22.69</td><td>18.00</td></tr>
<tr><td>给排水、燃气工程</td><td>29.46</td><td>11.82</td><td>29.91</td><td>12.59</td><td>23.68</td><td>18.00</td></tr>
<tr><td>刷油、防腐蚀、绝热工程</td><td>22.79</td><td>9.82</td><td>23.14</td><td>10.47</td><td>14.46</td><td>18.00</td></tr>
<tr><td rowspan="2">市政安装工程</td><td>市政给水、燃气工程</td><td>26.46</td><td>10.02</td><td>2.8</td><td>26.87</td><td>10.68</td><td>2.99</td><td>20.68</td><td>18.00</td></tr>
<tr><td>交通管理设施工程</td><td>11.93</td><td>3.50</td><td>1.8</td><td>12.11</td><td>3.73</td><td>1.99</td><td>6.24</td><td>8.20</td></tr>
<tr><td rowspan="4">城市轨道交通安装工程</td><td>通信、信号工程</td><td>39.89</td><td>10.76</td><td rowspan="4">2.8</td><td>40.50</td><td>11.46</td><td rowspan="4">2.99</td><td>26.62</td><td>18.00</td></tr>
<tr><td>智能与控制系统工程</td><td>34.67</td><td>8.28</td><td>35.20</td><td>8.83</td><td>22.56</td><td>18.00</td></tr>
<tr><td>供电工程</td><td>25.87</td><td>7.05</td><td>26.26</td><td>7.51</td><td>17.87</td><td>18.00</td></tr>
<tr><td>机电设备工程</td><td>30.84</td><td>7.16</td><td>31.31</td><td>7.62</td><td>19.76</td><td>18.00</td></tr>
<tr><td colspan="2">人工土石方工程</td><td>10.78</td><td>2.22</td><td>—</td><td>10.94</td><td>2.37</td><td>—</td><td>3.55</td><td>8.20</td></tr>
<tr><td colspan="2">房屋安装修缮工程</td><td>13.85</td><td>3.79</td><td>—</td><td>14.06</td><td>4.04</td><td>—</td><td>6.21</td><td>8.20</td></tr>
<tr><td colspan="2">房屋单拆除工程</td><td>8.50</td><td>1.01</td><td>—</td><td>8.63</td><td>1.08</td><td>—</td><td>3.37</td><td>8.20</td></tr>
</table>

注：人工土石方工程、房屋安装修缮工程、房屋单拆除工程不计算一般风险费用。除一般风险费以外的其他风险费，按招标文件要求的风险内容及范围确定。

(二)安全文明施工费

安全文明施工费按现行建设工程安全文明施工费管理的有关规定执行,调整后的费用标准见下表。

专业工程		计算基础	一般计税法	简易计税法
房屋建筑工程	公共建筑工程	工程造价	3.59%	3.74%
	住宅工程			
	工业建筑工程		3.41%	3.55%
仿古建筑工程			3.01%	3.14%
构筑物工程	烟囱、水塔、筒仓		3.19%	3.33%
	贮池、生化池		3.35%	3.49%
市政工程	道路工程	工程造价1亿以内	3.00%	3.12%
		工程造价1亿以上	2.70%	2.81%
	桥梁工程	工程造价2亿以内	3.02%	3.14%
		工程造价2亿以上	2.73%	2.84%
	隧道工程	工程造价1亿以内	2.79%	2.91%
		工程造价1亿以上	2.53%	2.64%
	广(停车)场	工程造价	2.43%	2.53%
	排水工程		2.67%	2.78%
	涵洞工程		2.45%	2.55%
	挡墙工程		2.70%	2.81%
城市轨道交通工程	盾构工程	工程造价1亿以内	2.75%	2.86%
		工程造价1亿以上	2.50%	2.60%
	高架桥工程	工程造价2亿以内	3.43%	3.57%
		工程造价2亿以上	3.17%	3.30%
	地下工程	工程造价1亿以内	2.96%	3.08%
		工程造价1亿以上	2.69%	2.80%
	轨道工程	工程造价2亿以内	2.39%	2.49%
		工程造价2亿以上	2.25%	2.34%
人工、机械(爆破)土石方工程			0.77元/m^3	0.85元/m^3
围墙工程		工程造价	3.59%	3.74%
房屋建筑修缮工程			3.23%	3.36%

续表

装饰工程		人工费	11.88%	12.37%
幕墙工程				
园林绿化工程	园林工程		6.73%	7.38%
	绿化工程			
通用安装工程	机械设备安装工程		17.42%	18.15%
	热力设备安装工程		17.42%	18.15%
	静置设备与工艺金属结构制作安装工程		21.10%	21.98%
	电气设备安装工程		25.10%	26.15%
	建筑智能化安装工程		19.45%	20.26%
	自动化控制仪表安装工程		20.55%	21.40%
	通风空调安装工程		19.45%	20.26%
	工业管道安装工程		17.42%	18.15%
	消防工程		17.42%	18.15%
	给排水、燃气工程		19.45%	20.26%
	刷油、防腐蚀、绝热工程		17.42%	18.15%
市政安装工程	市政给水、燃气工程		18.29%	19.05%
	交通管理设施工程		14.40%	15.00%
城市轨道交通安装工程	通信、信号工程		22.93%	23.88%
	智能与控制系统工程		20.55%	21.40%
	供电工程		20.55%	21.40%
	机电设备工程		21.28%	22.17%
房屋安装修缮工程			11.00%	11.46%
房屋单拆除工程			17.42%	19.11%

注:1.本表计费标准为工地标准化评定等级为合格的标准。

2.计费基础:房屋建筑、构筑物、仿古建筑、市政工程、城市轨道交通工程、爆破工程、围墙工程、房屋建筑修缮工程均以税前工程造价为基础计算;装饰工程、幕墙工程、园林工程、绿化工程、安装工程(含市政安装工程、城市轨道安装工程)、房屋安装修缮工程、房屋单拆除工程按人工费(含价差)为基础计算;人工、机械(爆破)土石方工程以开挖工程量为基础计算。

3.人工、机械(爆破)土石方工程已包括开挖(爆破)及运输土石方发生的安全文明施工费。

4.借土回填土石方工程,按借土回填量乘土石方标准的50%计算。

5.城市轨道交通工程的建筑、装饰、仿古建筑、园林绿化、房屋修缮、土石方、其他市政等工程按相应建筑、装饰、仿古建筑、园林绿化、房屋修缮、土石方、其他市政工程标准计算。

6.以上各项工程计费条件按单位工程划分。

7.同一施工单位承建建筑、安装、单独装饰及土石方工程时,应分别计算安全文明施工费。同一施工单位同时承建建筑工程中的装饰项目时,安全文明施工费按建筑工程标准执行。

8.同一施工单位承建道路、桥梁、隧道、城市轨道交通工程时,其附属工程的安全文明施工费按道路、桥梁、隧道、城市轨道交通工程的标准执行。

9.道路、桥梁、隧道、城市轨道交通工程费用计算按照累进制计取。例如某道路工程造价为1.2亿元,安全文明施工费计算如下:10000万元×3.0%=300万元,(12000-10000)万元×2.70%=54万元,合计=300万元+54万元=354万元。

（三）建设工程竣工档案编制费

建设工程竣工档案编制费按现行建设工程竣工档案编制费的有关规定执行，调整后的费用标准见下表。

1.房屋建筑工程，仿古建筑工程，构筑物工程，市政工程，城市轨道交通的盾构工程、高架桥工程、地下工程、轨道工程，机械（爆破）土石方工程，围墙工程，房屋建筑修缮工程以定额人工费与定额施工机具使用费之和为费用计算基础。

专业工程		一般计税法（%）	简易计税法（%）
房屋建筑工程	公共建筑工程	0.42	0.44
	住宅工程	0.56	0.58
	工业建筑工程	0.48	0.50
仿古建筑工程		0.28	0.29
构筑物工程	烟囱、水塔、筒仓	0.37	0.39
	贮池、生化池	0.56	0.58
市政工程	道路工程	0.59	0.62
	桥梁工程	0.38	0.40
	隧道工程	0.31	0.32
	运动场、广场、停车场	0.27	0.28
	排水工程	0.48	0.50
	涵洞工程	0.43	0.45
	挡墙工程	0.31	0.32
城市轨道交通工程	盾构工程	0.14	0.15
	高架桥工程	0.36	0.38
	地下工程	0.34	0.36
	轨道工程	0.94	0.98
机械（爆破）土石方工程		0.20	0.21
围墙工程		0.32	0.33
房屋建筑修缮工程		0.24	0.25

2.装饰工程、幕墙工程、园林绿化工程、通用安装工程、市政安装工程、城市轨道交通安装工程、房屋安装修缮工程、房屋单拆除工程、人工土石方工程以定额人工费为费用计算基础。

专业工程		一般计税法(%)	简易计税法(%)
装饰工程		1.23	1.28
幕墙工程		1.51	1.58
园林绿化工程	园林工程	0.10	0.10
	绿化工程	0.09	0.09
通用安装工程	机械设备安装工程	1.92	2.01
	热力设备安装工程	2.11	2.20
	静置设备与工艺金属结构制作安装工程	1.91	1.99
	电气设备安装工程	1.94	2.03
	建筑智能化安装工程	2.14	2.23
	自动化控制仪表安装工程	2.35	2.45
	通风空调安装工程	1.96	2.05
	工业管道安装工程	1.94	2.03
	消防工程	1.92	2.00
	给排水、燃气工程	2.02	2.11
	刷油、防腐蚀、绝热工程	1.92	2.01
市政安装工程	市政给水、燃气工程	2.04	2.13
	交通管理设施工程	0.99	1.03
城市轨道交通安装工程	通信、信号工程	1.99	2.08
	智能与控制系统工程	2.42	2.53
	供电工程	2.24	2.34
	机电设备工程	2.14	2.23
人工土石方工程		0.19	0.20
房屋安装修缮工程		1.01	1.05
房屋单拆除工程		0.19	0.20

(四)住宅工程质量分户验收费

住宅工程质量分户验收费按现行住宅工程质量分户验收费的有关规定执行,调整后的费用标准见下表。

费用名称	计算基础	一般计税法	简易计税法
住宅工程质量分户验收费	住宅单位工程建筑面积	1.32 元/m^2	1.35 元/m^2

(五)总承包服务费

总承包服务费以分包工程的造价或人工费为计算基础,费用标准见下表。

分包工程	计算基础	一般计税方法	简易计税方法
房屋建筑工程	分包工程造价	2.82%	3%
装饰、安装工程	分包工程人工费	11.32%	12%

(六)采购及保管费

采购及保管费=(材料原价+运杂费)×(1+运输损耗率)×采购及保管费率。

承包人采购材料、设备的采购及保管费率:材料 2%,设备 0.8%,预拌商品混凝土及商品湿拌砂浆、水稳层、沥青混凝土等半成品0.6%，苗木0.5%。

发包人提供的预拌商品混凝土及商品湿拌砂浆、水稳层、沥青混凝土等半成品不计取采购及保管费；发包人提供的其他材料到承包人指定地点，承包人计取采购及保管费的2/3。

（七）计日工

1.计日工中的人工、材料、机械单价按建设项目实施阶段市场价格确定；计费基价人工执行下表标准，材料、机械执行各专业计价定额单价；市场价格与计费基价之间的价差单调。

序号	工种	人工单价（元/工日）
1	土石方综合工	100
2	建筑综合工	115
3	装饰综合工	125
4	机械综合工	120
5	安装综合工	125
6	市政综合工	115
7	园林综合工	120
8	绿化综合工	120
9	仿古综合工	130
10	轨道综合工	120

2.综合单价按相应专业工程费用标准及计算程序计算，但不再计取一般风险费。

（八）停、窝工费用

1.承包人进入现场后，如因设计变更或由于发包人的责任造成的停工、窝工费用，由承包人提出资料，经发包人、监理方确认后由发包人承担。施工现场如有调剂工程，经发、承包人协商可以安排时，停、窝工费用应根据实际情况不收或少收。

2.现场机械停置台班数量按停置期日历天数计算，台班费及管理费按机械台班费的50%计算，不再计取其他有关费用，但应计算税金。

3.生产工人停工、窝工按相应专业综合工单价计算，综合费用按10%计算，除税金外不再计取其他费用；人工费市场价差单调。

4.周转材料停置费按实计算。

（九）现场生产和生活用水、电价差调整

1.安装水、电表时，水、电用量按表计量。水、电费由发包人交款，承包人按合同约定水、电单价退还发包人；水、电费由承包人交款，承包人按合同约定水、电费调价方法和单价调整价差。

2.未安装水、电表并由发包人交款时，水、电费按下表计算退还发包人。

专业工程	计算基础	一般计税法		简易计税法	
		水费（%）	电费（%）	水费（%）	电费（%）
房屋建筑、仿古建筑、构筑物、房屋建筑修缮、围墙工程	定额人工费＋定额施工机具使用费	0.91	1.04	1.03	1.22
市政、城市轨道交通工程		1.11	1.27	1.25	1.49
机械（爆破）土石方工程		0.45	0.52	0.51	0.61
装饰、幕墙、通用安装、市政安装、城市轨道安装、房屋安装修缮工程	定额人工费	1.04	1.74	1.18	2.04
园林、绿化工程		1.01	1.68	1.14	1.97
人工土石方工程		0.52	0.87	0.59	1.02

（十）税金

增值税、城市维护建设税、教育费附加、地方教育附加以及环境保护税，按照国家和重庆市相关规定执行，税费标准见下表。

税目		计算基础	工程在市区（%）	工程在县、城镇（%）	不在市区及县、城镇（%）
增值税	一般计税方法	税前造价	10		
	简易计税方法		3		
附加税	城市维护建设税	增值税税额	7	5	1
	教育费附加		3	3	3
	地方教育附加		2	2	2
环境保护税		按实计算			

注：1.当采用增值税一般计税方法时，税前造价不含增值税进项税额；
2.当采用增值税简易计税方法时，税前造价应包含增值税进项税额。

二、工程费用标准适应范围

（一）房屋建筑工程：适用于新建、扩建、改建工程的公共建筑、住宅建筑、工业建筑工程。

1.公共建筑工程：适用于办公、旅馆酒店、商业、文化教育、体育、医疗卫生、交通等为公众服务的建筑。包括：办公楼、宾馆、商场、购物中心、会展中心、展览馆、教学楼、实验楼、医院、体育馆（场）、图书馆、博物馆、美术馆、档案馆、影剧院、航站楼、候机楼、车站、客运站、停车楼、站房等工程。

2.住宅建筑工程：适用于住宅、宿舍、公寓、别墅建筑工程。

3.工业建筑工程：适用于厂房、仓库（储）库房及辅助附属设施建筑工程。

（二）装饰工程：适用于新建、扩建、改建的房屋建筑室内外装饰及市政、仿古建筑、园林、构筑物、城市轨道交通装饰工程。

（三）幕墙工程：适用于按照现行玻璃幕墙工程、金属与石材幕墙工程、人造板材幕墙工程技术规范及质量验收标准、施工验收规范进行设计、施工、质量检测和验收的幕墙围护结构或幕墙装饰工程。

（四）仿古建筑工程：适用于新建、扩建、改建的仿照古建筑式样而运用现代结构、材料、技术设计和建造的建筑物、构筑物（包括亭、台、楼、阁、塔、榭、庙等）仿古工程及现代建筑中的仿古项目。

（五）通用安装工程：适用于新建、扩建的机械设备、热力设备、电气设备、静置设备与工艺金属结构、建筑智能化、自动化控制仪表、通风空调、工业管道、消防、给排水燃气、刷油防腐蚀绝热安装工程。

（六）市政工程：适用于新建、扩建、改建的市政道路、桥梁、隧道、涵洞、排水、挡墙、广（停车）场及给水、燃气、交通管理设施市政安装工程。

1.道路工程：适用于快速路、主干道、次干道、支路工程。

2.桥梁工程：适用于高架桥、跨线桥、立交桥、人行天桥、引桥等一般桥梁工程及跨越河谷的连续刚构桥、拱桥、悬索桥、斜拉桥等特、大型桥梁工程。

3.隧道工程：适用于各种车行、人行、给排水及电缆（公用事业）隧道工程。

4.广（停车）场工程：适用于室外运动场、广场、停车场工程。

5.挡墙工程：适用于石砌挡墙、重力式混凝土挡墙及锚杆、连拱、扶壁式挡墙工程。

6.排水工程：适用于市政雨水、污水排水管道（井）及圆管涵工程。

7.涵洞工程：适用于各种板涵、拱涵、箱涵、沟渠工程。

8.市政安装工程：适用于市政给水、燃气及交通管理设施工程。

（七）园林、绿化工程：适用于新建、扩建、改建的园林绿化工程。

1.园林工程：适用于园路、园桥、假山、护坡、驳岸、园林小品等工程。

2.绿化工程：适用于乔（灌）木、花卉、草坪、地被植物等植物种植及养护工程。

（八）构筑物：适用于新建、扩建、改建的烟囱、水塔、筒仓及贮池、生化池工程

（九）城市轨道交通工程：适用于新建、扩建的城市地铁、轻轨交通工程。包括盾构工程、高架桥工程、地下工

程、轨道工程及城市轨道安装工程。

1.盾构工程:适用于用盾构法施工的隧道工程。

2.高架桥工程:适用于高架区间、轨道PC梁、高架桥工程。

3.地下工程:适用于地下结构和地下区间隧道工程。

4.轨道工程:适用于道床和轨道铺设工程。

5.城市轨道安装工程:适用于城市轨道交通的通信、信号,智能与控制系统,供电工程及机电设备安装工程。

(十)机械(爆破)土石方工程:适用于机械施工的槽、坑及竖向布置土石方工程或露天石方、建(构)筑物沟槽、基坑石方爆破开挖及机械运输工程。

(十一)人工土石方:适用于人工施工的槽、坑、挖孔桩及竖向布置的开挖及运输土石方工程。

(十二)围墙工程:适用于室外围墙工程。

(十三)房屋修缮工程:适用于房屋建筑和附属设备的修缮工程。

1.建筑修缮工程:适用于建筑工程的拆除、加固、维修。

2.安装修缮工程:适用于安装工程的拆除及维修。

3.单拆除工程:适用于单拆除建(构)筑物整体或局部及人力转运材料。

三、工程费用计算说明

(一)房屋建筑工程执行《重庆市房屋建筑与装饰工程计价定额(第一册 建筑工程)》与《重庆市绿色建筑工程计价定额》时,定额综合单价中的企业管理费、利润、一般风险费应根据本定额规定的不同专业工程费率标准进行调整。

1.单栋或群体房屋建筑具有不同使用功能时,按照主要使用功能(建筑面积大者)确定工程费用标准。

2.工业建筑相连的附属生活间、办公室等,按该工业建筑确定工程费用标准。

(二)装饰、幕墙、仿古建筑、通用安装、市政、园林绿化、构筑物、城市轨道交通、爆破、房屋修缮工程、人工及机械土石方工程执行相应专业计价定额时,定额综合单价中的企业管理费、利润、一般风险费标准不作调整。

(三)建(构)筑物外的独立挡墙及护坡,非附属于道路、桥梁、隧道、城市轨道交通的独立挡墙及护坡或附属于道路、桥梁、隧道、城市轨道交通但非同一企业承包施工的挡墙及护坡工程,应按市政挡墙工程确定工程费用标准。

(四)围墙工程执行《重庆市房屋建筑与装饰工程计价定额》、《重庆市仿古建筑工程计价定额》时,定额综合单价中的企业管理费、利润、一般风险费按围墙工程费用标准进行调整。

(五)执行本专业工程计价定额子目缺项需借用其他专业定额子目时,借用定额综合单价不作调整。

(六)组织措施费、安全文明施工费、建设工程竣工档案编制费、规费以单位工程为对象确定工程费用标准。

1.本专业工程借用其他专业工程定额子目时,按以主带次的原则纳入本专业工程进行取费。

2.市政工程的道路、桥梁、隧道应分别确定工程费用标准,但附属于道路、桥梁、隧道的其他市政工程,如由同一企业承包施工时,应并入主体单位工程确定工程费用标准。

(七)城市轨道交通地上车站、综合基地、主变电站等房屋建筑与装饰、仿古建筑、园林绿化、修缮工程按相应专业工程确定费用标准。

(八)厂区、小区的车行道路工程按照市政道路工程确定费用标准。

(九)同一项目的机械土石方与爆破工程一并按照机械(爆破)土石方工程确定费用标准。

(十)厂区、小区的建(构)筑物散水(排水沟)外的条(片)石挡墙、花台、人行步道等环境工程,根据工程采用的设计标准规范对应的专业工程确定费用标准。

(十一)房屋建筑工程材料、成品、半成品的场内二次或多次搬运费已包含在组织措施费内,包干使用不作调整。除房屋建筑工程外的其他专业工程二次搬运费应根据工程情况按实计算。

第四章　工程量清单计价程序

一、综合单价计算程序

综合单价是指完成一个规定清单项目所需的人工费、材料费、施工机具使用费和企业管理费、利润以及一定范围内的风险费用。

(一)房屋建筑工程、仿古建筑工程、构筑物工程、市政工程、城市轨道交通的盾构工程及地下工程和轨道工程、机械(爆破)土石方工程、房屋建筑修缮工程,综合单价计算程序见下表。

综合单价计算程序表(一)

序号	费用名称	一般计税法计算式
1	定额综合单价	1.1+…+1.6
1.1	定额人工费	
1.2	定额材料费	
1.3	定额施工机具使用费	
1.4	企业管理费	(1.1+1.3)×费率
1.5	利　润	(1.1+1.3)×费率
1.6	一般风险费	(1.1+1.3)×费率
2	人材机价差	2.1+2.2+2.3
2.1	人工费价差	合同价(信息价、市场价)－定额人工费
2.2	材料费价差	不含税合同价(信息价、市场价)－定额材料费
2.3	施工机具使用费价差	2.3.1+2.3.2
2.3.1	机上人工费价差	合同价(信息价、市场价)－定额机上人工费
2.3.2	燃料动力费价差	不含税合同价(信息价、市场价)－定额燃料动力费
3	其他风险费	
4	综合单价	1+2+3

综合单价计算程序表(二)

序号	费用名称	简易计税法计算式
1	定额综合单价	1.1+…+1.6
1.1	定额人工费	
1.2	定额材料费	
1.2.1	其中:定额其他材料费	
1.3	定额施工机具使用费	
1.4	企业管理费	(1.1+1.3)×费率
1.5	利润	(1.1+1.3)×费率
1.6	一般风险费	(1.1+1.3)×费率
2	人材机价差	2.1+2.2+2.3
2.1	人工费价差	合同价(信息价、市场价)－定额人工费
2.2	材料费价差	2.2.1+2.2.2
2.2.1	计价材料价差	含税合同价(信息价、市场价)－定额材料费
2.2.2	定额其他材料费进项税	1.2.1×材料进项税税率16%
2.3	施工机具使用费价差	2.3.1+2.3.2+2.3.3
2.3.1	机上人工费价差	合同价(信息价、市场价)－定额机上人工费
2.3.2	燃料动力费价差	含税合同价(信息价、市场价)－定额燃料动力费
2.3.3	施工机具进项税	2.3.3.1+2.3.3.2
2.3.3.1	机械进项税	按施工机械台班定额进项税额计算
2.3.3.2	定额其他施工机具使用费进项税	定额其他施工机具使用费×施工机具进项税税率16%
3	其他风险费	
4	综合单价	1+2+3

(二)装饰工程、通用安装工程、市政安装工程、园林绿化工程、城市轨道交通安装工程、人工土石方工程、房屋安装修缮工程、房屋单拆除工程,综合单价计算程序见下表。

综合单价计算程序表(三)

序号	费用名称	一般计税法计算式
1	定额综合单价	1.1+…+1.6
1.1	定额人工费	
1.2	定额材料费	
1.3	定额施工机具使用费	
1.4	企业管理费	1.1×费率
1.5	利　润	1.1×费率
1.6	一般风险费	1.1×费率
2	未计价材料	不含税合同价(信息价、市场价)
3	人材机价差	3.1+3.2+3.3
3.1	人工费价差	合同价(信息价、市场价)-定额人工费
3.2	材料费价差	不含税合同价(信息价、市场价)-定额材料费
3.3	施工机具使用费价差	3.3.1+3.3.2
3.3.1	机上人工费价差	合同价(信息价、市场价)-定额机上人工费
3.3.2	燃料动力费价差	不含税合同价(信息价、市场价)-定额燃料动力费
4	其他风险费	
5	综合单价	1+2+3+4

综合单价计算程序表(四)

序号	费用名称	简易计税法计算式
1	定额综合单价	1.1+…+1.6
1.1	定额人工费	
1.2	定额材料费	
1.2.1	其中:定额其他材料费	
1.3	定额施工机具使用费	
1.4	企业管理费	1.1×费率
1.5	利　润	1.1×费率
1.6	一般风险费	1.1×费率
2	未计价材料	含税合同价(信息价、市场价)
3	人材机价差	3.1+3.2+3.3
3.1	人工费价差	合同价(信息价、市场价)-定额人工费
3.2	材料费价差	3.2.1+3.2.2
3.2.1	计价材料价差	含税合同价(信息价、市场价)-定额材料费
3.2.2	定额其他材料费进项税	1.2.1×材料进项税税率16%
3.3	施工机具使用费价差	3.3.1+3.3.2+3.3.3
3.3.1	机上人工费价差	合同价(信息价、市场价)-定额机上人工费
3.3.2	燃料动力费价差	含税合同价(信息价、市场价)-定额燃料动力费
3.3.3	施工机具进项税	3.3.3.1+3.3.3.2+3.3.3.3
3.3.3.1	机械进项税	按施工机械台班定额进项税额计算
3.3.3.2	仪器仪表进项税	按仪器仪表台班定额进项税额计算
3.3.3.3	定额其他施工机具使用费进项税	定额其他施工机具使用费×施工机具进项税税率16%
4	其他风险费	
5	综合单价	1+2+3+4

二、单位工程计价程序

单位工程计价程序表

序号	项目名称	计算式	金额(元)
1	分部分项工程费		
2	措施项目费	2.1+2.2	
2.1	技术措施项目费		
2.2	组织措施项目费		
其中	安全文明施工费		
3	其他项目费	3.1+3.2+3.3+3.4+3.5	
3.1	暂列金额		
3.2	暂估价		
3.3	计日工		
3.4	总承包服务费		
3.5	索赔及现场签证		
4	规费		
5	税金	5.1+5.2+5.3	
5.1	增值税	(1+2+3+4－甲供材料费)×税率	
5.2	附加税	5.1×税率	
5.3	环境保护税	按实计算	
6	合　价	1+2+3+4+5	

三、工程量清单计价应根据国家标准《建设工程工程量清单计价规范》GB 50500－2013、《房屋建筑与装饰工程工程量计算规范》GB 50854－2013、《仿古建筑工程工程量计算规范》GB 50855－2013、《通用安装工程工程量计算规范》GB 50856－2013、《市政工程工程量计算规范》GB 50857－2013、《园林绿化工程工程量计算规范》GB 50858－2013、《构筑物工程工程量计算规范》GB 50860－2013、《城市轨道交通工程工程量计算规范》GB 50861－2013、《爆破工程工程量计算规范》GB 50862－2013 及《重庆市建设工程工程量清单计价规则》CQJJGZ－2013、《重庆市建设工程工程量计算规则》CQJLGZ－2013 及本定额规定，编制工程量清单，进行清单计价、签订合同价款、办理工程结算。

第五章　工程量清单计价表格

(一)计价表格组成

1.工程计价文件封面:

(1)招标工程量清单:封-1。

(2)招标控制价:封-2。

(3)投标总价:封-3。

(4)竣工结算书:封-4。

(5)工程造价鉴定意见书:封-5。

2.工程计价总说明:表-01。

3.工程计价汇总表:

(1)建设项目招标控制价/投标报价汇总表:表-02。

(2)单项工程招标控制价/投标报价汇总表:表-03。

(3)单位工程招标控制价/投标报价汇总表:表-04。

(4)建设项目竣工结算汇总表:表-05。

(5)单项工程竣工结算汇总表:表-06。

(6)单位工程竣工结算汇总表:表-07。

4.分部分项工程和措施项目计价表:

(1)措施项目汇总表:表-08。

(2)分部分项工程/施工技术措施项目清单计价表:表-09。

(3)分部分项工程/施工技术措施项目综合单价分析表(一):表-09-1。

(4)分部分项工程/施工技术措施项目综合单价分析表(二):表-09-2。

(5)分部分项工程/施工技术措施项目综合单价分析表(三):表-09-3。

(6)分部分项工程/施工技术措施项目综合单价分析表(四):表-09-4。

(7)施工组织措施项目清单计价表:表-10。

5.其他项目计价表:

(1)其他项目清单计价汇总表:表-11。

(2)暂列金额明细表:表-11-1。

(3)材料(工程设备)暂估单价及调整表:表-11-2。

(4)专业工程暂估价及结算价表:表-11-3。

(5)计日工表:表-11-4。

(6)总承包服务费计价表:表-11-5。

(7)索赔与现场签证计价汇总表:表-11-6。

(8)费用索赔申请(核准)表:表-11-7。

(9)现场签证表:表-11-8。

6.规费、税金项目计价表:表-12。

7.工程计量申请(核准)表:表-13。

8.综合单价调整表:表-14。

9.合同价款支付申请(核准)表:

(1)预付款支付申请(核准)表:表-15。

(2)进度款支付申请(核准)表:表-16。

(3)竣工结算款支付申请(核准)表:表-17。

(4)最终结清支付申请(核准)表:表-18。

10.主要材料、工程设备一览表:

(1)发包人提供材料和工程设备一览表:表-19。

(2)承包人提供主要材料和工程设备一览表(适用于价格指数差额调整法):表-20。

(3)承包人提供主要材料和工程设备一览表(适用于造价信息差额调整法):表-21。

(二)使用计价表格规定

1.工程计价采用统一计价表格格式,招标人与投标人均不得变动表格格式。

2.工程量清单编制应符合下列规定:

(1)使用表格:封-1、表-01、表-08、表-09、表-10、表 11、表-11-1～表-11-5、表-12、表-19、表-20 或表-21。

(2)填表要求:

1)封面应按规定的内容填写、签字、盖章,由造价人员编制的工程量清单应有负责审核的造价工程师签字、盖章。受委托编制的工程量清单,应有造价工程师签字、盖章以及工程造价咨询人盖章。

2)总说明应按下列内容填写:

①工程概况:建设规模、工程特征、计划工期、施工现场实际情况、自然地理条件、环境保护要求等。

②工程招标和专业发包范围。

③工程量清单编制依据。

④工程质量、材料、施工等的特殊要求。

⑤其他需要说明的问题。

3.招标控制价、投标报价、竣工结算编制应符合下列规定:

(1)使用表格:

1)招标控制价:封-2、表-01、表-02、表-03、表-04、表-08、表-09、表-09-1(3)或表-09-2(4)、表-10、表-11、表-11-1～表-11-5、表-12、表-19、表-20 或表-21。

2)投标报价:封-3、表-01、表-02、表-03、表-04、表-08、表-09、表-09-1(3)或表-09-2(4)、表-10、表-11、表-11-1～表-11-5、表-12、表-19、表-20 或表-21。

3)竣工结算:封-4、表-01、表-05、表-06、表-07、表-08、表-09、表-09-1(3)或表-09-2(4)、表-10、表-11、表-11-2～表-11-8、表-12～表-19、表-20 或表-21。

(2)填表要求:

1)封面应按规定的内容填写、签字、盖章,除承包人自行编制的投标报价和竣工结算外,受委托编制的招标控制价、投标报价、竣工结算若为造价人员编制的,应有负责审核的造价工程师签字、盖章以及工程造价咨询人盖章。

2)总说明应按下列内容填写:

①工程概况:建设规模、工程特征、计划工期、合同工期、实际工期、施工现场及变化情况、施工组织设计的特点、自然地理条件、环境保护要求等。

②编制依据、计税方法等。

4.工程造价鉴定应符合下列规定:

(1)使用表格:封-5、表-01、表-05、表-06、表-07、表-08、表-09、表-09-1(3)或表-09-2(4)、表-10、表-11、表-11-2～表-11-8、表-12～表-19、表-20 或表-21。

(2)填表要求:

1)封面应按规定内容填写、签字、盖章,应有承担鉴定和负责审核的注册造价工程师签字、盖执业专用章。

2)说明应按《重庆市建设工程工程量清单计价规则》CQJJGZ－2013 规定填写。

5.投标人应按招标文件的要求,附工程量清单综合单价分析表。

(1)按一般计税方法计算的,分析表使用表格:表-09-1 或表-09-2;

(2)按简易计税方法计算的,分析表使用表格:表-09-3 或表-09-4。

____________工 程

招标工程量清单

工 程 造 价

招 标 人：____________________
（单位盖章）

咨 询 人：____________________
（单位资质专用章）

法定代表人
或其授权人：____________________
（签字或盖章）

法定代表人
或其授权人：____________________
（签字或盖章）

编 制 人：____________________
（造价人员签字盖专用章）

审 核 人：____________________
（造价工程师签字盖专用章）

时 间： 年 月 日

招 标 控 制 价

招标控制价(小写)：________________

(大写)：________________

其中:安全文明施工费用(小写)：________________

(大写)：________________

招　标　人：________________
(单位盖章)

工 程 造 价
咨　询　人：________________
(单位资质专用章)

法定代表人
或其授权人：________________
(签字或盖章)

法定代表人
或其授权人：________________
(签字或盖章)

编　制　人：________________
(造价人员签字盖专用章)

审　核　人：________________
(造价工程师签字盖专用章)

时　间：　　年　月　日

投 标 总 价

招　标　人：________________

投 标 总 价(小写)：________________

（大写）：________________

投　标　人：________________

（单位盖章）

法定代表人
或其授权人：________________

（签字或盖章）

编　制　人：________________

（造价人员签字盖专用章）

时　间：　　年　月　日

________________工程

竣工结算书

竣工结算价（小写）：________________ （大写）：________________

承 包 人：________________
（单位盖章）

法定代表人
或其授权人：________________
（签字或盖章）

编制人：________________
（造价人员签字盖专用章）

发 包 人：________________
（单位盖章）

法定代表人
或其授权人：________________
（签字或盖章）

审核人：________________
（造价人员签字盖专用章）

工程造价
咨 询 人：________________
（单位资质专用章）

法定代表人
或其授权人：________________
（签字或盖章）

审核人：________________
（造价工程师签字盖专用章）

时 间： 年 月 日

______________工 程

工程造价鉴定意见书

（编号：________）

鉴定造价（小写）：______________________________

（大写）：______________________________

工程造价咨询人：______________________________
（单位资质专用章）

法定代表人或其授权人：______________________________
（签字或盖章）

司法鉴定人：______________________________
（司法鉴定人签字并盖造价工程师章）

时　间：　　年　月　日

表-01

工程计价总说明

工程名称： 第 页共 页

表-02

建设项目招标控制价/投标报价汇总表

工程名称：

第 页共 页

序号	单项工程名称	金额（元）	其中		
			暂估价（元）	安全文明施工费（元）	规费（元）
合计					

注：本表适用于建设项目招标控制价或投标报价的汇总。暂估价包括分部分项工程中的暂估价和专业工程暂估价。

表-03

单项工程招标控制价/投标报价汇总表

工程名称：　　　　　　　　　　　　　　　　　　　　　　　　　　　　第　页共　页

序号	单位工程名称	金额（元）	其中		
			暂估价（元）	安全文明施工费（元）	规费（元）
	合　计				

注： 本表适用于单项工程招标控制价或投标报价的汇总。暂估价包括分部分项工程中的暂估价和专业工程暂估价。

表-04

单位工程招标控制价/投标报价汇总表

工程名称：　　　　　　　　　　　　　　　　　　　　　　　第　页共　页

序号	汇 总 内 容	金额(元)	其中:暂估价(元)
1	分部分项工程		
1.1			
1.2			
1.3			
1.4			
1.5			
2	措施项目		
2.1	其中:安全文明施工费		
3	其他项目		
4	规费		
5	税金		
招标控制价合计=1+2+3+4+5			

注:1.本表适用于单位工程招标控制价或投标报价的汇总,如无单位工程划分,单项工程也使用本表汇总。

2.分部分项工程、措施项目中暂估价应填写材料、工程设备暂估价;其他项目中暂估价应填写专业工程暂估价。

表-05

建设项目竣工结算汇总表

工程名称：　　　　　　　　　　　　　　　　　　　　　　　　　　　　　　第　页共　页

序号	单项工程名称	金额（元）	其中	
			安全文明施工费（元）	规费（元）
合计				

表-06

单项工程竣工结算汇总表

工程名称：　　　　　　　　　　　　　　　　　　　　　　　　　　　　　　　　第　页共　页

序号	单位工程名称	金额（元）	其中	
			安全文明施工费（元）	规费（元）
合计				

注：本表适用于建设项目结算价的汇总。

表-07

单位工程竣工结算汇总表

工程名称：　　　　　　　　　　　　　　　　　　　　　　　　　　　第　页共　页

序号	汇 总 内 容	金额(元)
1	分部分项工程	
1.1		
1.2		
1.3		
1.4		
2	措施项目	
2.1	其中:安全文明施工费	
2.2		
2.3		
3	其他项目	
4	规费	
5	税金	
竣工结算总价合计＝1＋2＋3＋4＋5		

注：如无单位工程划分，单项工程也使用本表汇总。

表-08

措施项目汇总表

工程名称：　　　　　　　　　　　　　　　　　　　　　　　　　　　　第　页共　页

<table>
<tr><td rowspan="2">序号</td><td rowspan="2">项 目 名 称</td><td colspan="2">金额(元)</td></tr>
<tr><td>合价</td><td>其中:暂估价</td></tr>
<tr><td>1</td><td>施工技术措施项目</td><td></td><td></td></tr>
<tr><td>2</td><td>施工组织措施项目</td><td></td><td></td></tr>
<tr><td>2.1</td><td>其中:安全文明施工费</td><td></td><td></td></tr>
<tr><td>2.2</td><td>建设工程竣工档案编制费</td><td></td><td></td></tr>
<tr><td>2.3</td><td>住宅工程质量分户验收费</td><td></td><td></td></tr>
<tr><td></td><td></td><td></td><td></td></tr>
<tr><td></td><td></td><td></td><td></td></tr>
<tr><td></td><td></td><td></td><td></td></tr>
<tr><td></td><td></td><td></td><td></td></tr>
<tr><td colspan="2">措施项目费合计＝1＋2</td><td></td><td></td></tr>
</table>

表-09

分部分项工程/施工技术措施项目清单计价表

工程名称：　　　　　　　　　　　　　　　　　　　　　　第　页共　页

序号	项目编码	项目名称	项目特征	计量单位	工程量	金额(元)		
						综合单价	合价	其中:暂估价
本页小计								
合　计								

分部分项工程/施工技术措施项目清单综合单价分析表(一)

工程名称：

第　页共　页

项目编码		项目名称							计量单位				综合单价		
定额编号	定额项目名称	单位	数量	定额综合单价									人材机价差	其他风险费	合价
				定额人工费	定额材料费	定额施工机具使用费	企业管理费		利润		一般风险费用				
				1	2	3	4	5	6	7	8	9	10	11	12
							费率(%)	(1+3)×(4)	费率(%)	(1+3)×(6)	费率	(1+3)×(8)			1+2+3+5+7+9+10+11
合计															
人工、材料及机械名称					单位	数量	定额单价		市场单价		价差合计		市场合价		备注
1.人 工															
……															
2.材料															
(1)计价材料															
……															
(2)其他材料					元	—	—				—				
3.机械															
(1)机上人工															
……															
(2)燃油动力费															
……															

注：1.此表适用于房屋建筑工程、仿古建筑工程、构筑物工程、市政工程、城市轨道交通的盾构工程及地下工程和轨道工程、爆破工程、机械土石方工程、房屋建筑修缮工程分部分项工程或技术措施项目清单综合单价分项。

2.此表适用于定额人工费与定额施工机具使用费之和为计算基础并按一般计税方法计算的工程使用。

3.投标报价如不使用本市建设工程主管部门发布的依据，可不填定额项目、编号等。

4.招标文件提供了暂估单价的材料，按暂估的单价填入表内，并在备注栏中注明为“暂估价”。

5.材料应注明名称、规格、型号。

表-09-2

分部分项工程/施工技术措施项目清单综合单价分析表(二)

工程名称：　　　　　　　　　　　　　　　　　　　　　　　　　　　　第　页共　页

<table>
<tr><td>项目编码</td><td></td><td>项目名称</td><td colspan="7"></td><td colspan="2">计量单位</td><td></td><td colspan="4">综合单价</td></tr>
<tr><td rowspan="3">定额编号</td><td rowspan="3">定额项目名称</td><td rowspan="3">单位</td><td rowspan="3">数量</td><td colspan="9">定额综合单价</td><td rowspan="2">未计价
材料费</td><td rowspan="2">人材机
价差</td><td rowspan="2">其他
风险费</td><td>合价</td></tr>
<tr><td rowspan="2">定额
人工费</td><td rowspan="2">定额
材料费</td><td rowspan="2">定额
施工机具
使用费</td><td colspan="2">企业管理费</td><td colspan="2">利润</td><td colspan="2">一般风险费用</td><td>13</td></tr>
<tr><td>4</td><td>5</td><td>6</td><td>7</td><td>8</td><td>9</td><td rowspan="2">10</td><td rowspan="2">11</td><td rowspan="2">12</td><td rowspan="2">1+2+3+5+7+
9+10+11+12</td></tr>
<tr><td></td><td></td><td></td><td></td><td>1</td><td>2</td><td>3</td><td>费率
(%)</td><td>(1)×(4)</td><td>费率
(%)</td><td>(1)×(6)</td><td>费率
(%)</td><td>(1)×(8)</td></tr>
<tr><td></td><td></td><td></td><td></td><td></td><td></td><td></td><td></td><td></td><td></td><td></td><td></td><td></td><td></td><td></td><td></td><td></td></tr>
<tr><td></td><td></td><td></td><td></td><td></td><td></td><td></td><td></td><td></td><td></td><td></td><td></td><td></td><td></td><td></td><td></td><td></td></tr>
<tr><td></td><td></td><td></td><td></td><td></td><td></td><td></td><td></td><td></td><td></td><td></td><td></td><td></td><td></td><td></td><td></td><td></td></tr>
<tr><td colspan="4">合计</td><td></td><td></td><td></td><td></td><td></td><td></td><td></td><td></td><td></td><td></td><td></td><td></td><td></td></tr>
</table>

人工、材料及机械名称	单位	数量	定额单价	市场单价	价差合计	市场合价	备注
1.人工							
……							
2.材料							
(1)计价材料							
……							
(2)其他材料	元	—	—		—		
3.机械							
(1)机上人工							
……							
(2)燃油动力费							
……							

注：1.此表适用于装饰工程、通用安装工程、市政安装工程、园林绿化工程、城市轨道交通安装工程、人工土石方工程、房屋安装修缮工程、房屋单拆除工程分部分项工程或技术措施项目清单综合单价分析。

2.此表适用于定额人工费为计算基础并按一般计税方法计算的工程使用。

3.投标报价如不使用本市建设工程主管部门发布的依据，可不填定额项目、编号等。

4.招标文件提供了暂估单价的材料，按暂估的单价填入表内，并在备注栏中注明为“暂估价”。

5.材料应注明名称、规格、型号。

分部分项工程/施工技术措施项目综合单价分析表(三)

工程名称：　　　　　　　　　　　　　　　　　　　　　　　　第　页共　页

<table>
<tr><td>项目编码</td><td></td><td colspan="2">项目名称</td><td colspan="6"></td><td colspan="2">计量单位</td><td colspan="2"></td><td colspan="2">综合单价</td><td></td></tr>
<tr><td rowspan="3">定额编号</td><td rowspan="3">定额项目名称</td><td rowspan="3">单位</td><td rowspan="3">数量</td><td colspan="9">定额综合单价</td><td rowspan="2">人材机价差</td><td rowspan="2">其他风险费</td><td rowspan="2">合价</td></tr>
<tr><td>定额人工费</td><td>定额材料费</td><td>定额施工机具使用费</td><td colspan="2">企业管理费</td><td colspan="2">利润</td><td colspan="2">一般风险费</td></tr>
<tr><td>1</td><td>2</td><td>3</td><td>4
费率(%)</td><td>5
(1+3)×(4)</td><td>6
费率(%)</td><td>7
(1+3)×(6)</td><td>8
费率(%)</td><td>9
(1+3)×(8)</td><td>10</td><td>11</td><td>12
1+2+3+5+7+9+10+11</td></tr>
<tr><td></td><td></td><td></td><td></td><td></td><td></td><td></td><td></td><td></td><td></td><td></td><td></td><td></td><td></td><td></td><td></td></tr>
<tr><td colspan="4">合　　计</td><td></td><td></td><td></td><td></td><td></td><td></td><td></td><td></td><td></td><td></td><td></td><td></td></tr>
<tr><td colspan="5" rowspan="2">人工、材料及机械名称</td><td rowspan="2">单位</td><td rowspan="2">数量</td><td rowspan="2">定额单价</td><td rowspan="2">定额合价</td><td rowspan="2">市场单价</td><td rowspan="2">市场合价</td><td colspan="4">人材机价差</td><td rowspan="2">备注</td></tr>
<tr><td>价差</td><td>进项税系数</td><td>进项税</td><td>价税合计</td></tr>
<tr><td colspan="5">1.人工</td><td></td><td></td><td></td><td></td><td></td><td></td><td></td><td>—</td><td></td><td></td><td></td></tr>
<tr><td colspan="5">……</td><td></td><td></td><td></td><td></td><td></td><td></td><td></td><td>—</td><td></td><td></td><td></td></tr>
<tr><td colspan="5">2.材料</td><td></td><td></td><td></td><td></td><td></td><td></td><td></td><td>—</td><td></td><td></td><td></td></tr>
<tr><td colspan="5">(1)计价材料</td><td></td><td></td><td></td><td></td><td></td><td></td><td></td><td>—</td><td></td><td></td><td></td></tr>
<tr><td colspan="5">……</td><td></td><td></td><td></td><td></td><td></td><td></td><td></td><td>—</td><td></td><td></td><td></td></tr>
<tr><td colspan="5">(2)其他材料费</td><td></td><td></td><td></td><td></td><td></td><td></td><td></td><td></td><td></td><td></td><td></td></tr>
<tr><td colspan="5">……</td><td>元</td><td>—</td><td>—</td><td></td><td>—</td><td></td><td></td><td></td><td></td><td></td><td></td></tr>
<tr><td colspan="5">3.机械</td><td></td><td></td><td></td><td></td><td></td><td></td><td></td><td>—</td><td></td><td></td><td></td></tr>
<tr><td colspan="5">(1)机上人工</td><td></td><td></td><td></td><td></td><td></td><td></td><td></td><td>—</td><td></td><td></td><td></td></tr>
<tr><td colspan="5">……</td><td></td><td></td><td></td><td></td><td></td><td></td><td></td><td>—</td><td></td><td></td><td></td></tr>
<tr><td colspan="5">(2)燃油动力费</td><td></td><td></td><td></td><td></td><td></td><td></td><td></td><td>—</td><td></td><td></td><td></td></tr>
<tr><td colspan="5">……</td><td></td><td></td><td></td><td></td><td></td><td></td><td></td><td>—</td><td></td><td></td><td></td></tr>
<tr><td colspan="5">(3)施工机具摊销费</td><td></td><td></td><td></td><td></td><td></td><td></td><td></td><td></td><td></td><td></td><td></td></tr>
<tr><td colspan="5">……</td><td></td><td></td><td></td><td></td><td></td><td></td><td></td><td></td><td></td><td></td><td></td></tr>
</table>

注：1.此表适用于房屋建筑工程、仿古建筑工程、构筑物工程、市政工程、城市轨道交通的盾构工程及地下工程和轨道工程、爆破工程、机械土石方工程、房屋建筑修缮工程分部分项工程或技术措施项目清单综合单价分项。

2.此表适用于定额人工费与定额施工机具使用费之和为计算基础并按简易计税方法计算的工程使用。

3.投标报价如不使用本市建设工程主管部门发布的依据，可不填定额项目、编号等。

4.招标文件提供了暂估单价的材料，按暂估的单价填入表内，并在备注栏中注明为“暂估价”。

5.材料应注明名称、规格、型号。

6.进项税系数仅为其他材料费和施工机具摊销费的进项税系数。

表-09-4

分部分项工程/施工技术措施项目综合单价分析表(四)

工程名称：　　　　　　　　　　　　　　　　　　　　　　　　　　　　　　　　　　　　　第　页共　页

<table>
<tr><td>项目编码</td><td></td><td colspan="2">项目名称</td><td colspan="5"></td><td colspan="2">计量单位</td><td colspan="2"></td><td colspan="2">综合单价</td><td colspan="2"></td></tr>
<tr><td rowspan="4">定额编号</td><td rowspan="4">定额项目名称</td><td rowspan="4">单位</td><td rowspan="4">数量</td><td colspan="9">定额综合单价</td><td rowspan="2">未计价材料</td><td rowspan="2">人材机价差</td><td rowspan="2">其他风险费</td><td rowspan="2">合价</td></tr>
<tr><td>定额人工费</td><td>定额材料费</td><td>定额施工机具使用费</td><td colspan="2">企业管理费</td><td colspan="2">利润</td><td colspan="2">一般风险费</td></tr>
<tr><td rowspan="2">1</td><td rowspan="2">2</td><td rowspan="2">3</td><td>4</td><td>5</td><td>6</td><td>7</td><td>8</td><td>9</td><td rowspan="2">10</td><td rowspan="2">11</td><td rowspan="2">12</td><td>13</td></tr>
<tr><td>费率(%)</td><td>(1)×(4)</td><td>费率(%)</td><td>(1)×(6)</td><td>费率(%)</td><td>(1)×(8)</td><td>1+2+3+5+7+9+10+11+12</td></tr>
<tr><td></td><td></td><td></td><td></td><td></td><td></td><td></td><td></td><td></td><td></td><td></td><td></td><td></td><td></td><td></td><td></td><td></td></tr>
<tr><td></td><td></td><td></td><td></td><td></td><td></td><td></td><td></td><td></td><td></td><td></td><td></td><td></td><td></td><td></td><td></td><td></td></tr>
<tr><td colspan="4">合　　　计</td><td></td><td></td><td></td><td></td><td></td><td></td><td></td><td></td><td></td><td></td><td></td><td></td><td></td></tr>
</table>

<table>
<tr><td rowspan="2">人工、材料及机械名称</td><td rowspan="2">单位</td><td rowspan="2">数量</td><td rowspan="2">定额单价</td><td rowspan="2">定额合价</td><td rowspan="2">市场单价</td><td rowspan="2">市场合价</td><td colspan="4">人材机价差</td><td rowspan="2">备注</td></tr>
<tr><td>价差</td><td>进项税系数</td><td>进项税</td><td>价税合计</td></tr>
<tr><td>1.人 工</td><td></td><td></td><td></td><td></td><td></td><td></td><td></td><td>—</td><td></td><td></td><td></td></tr>
<tr><td>……</td><td></td><td></td><td></td><td></td><td></td><td></td><td></td><td>—</td><td></td><td></td><td></td></tr>
<tr><td>2.材 料</td><td></td><td></td><td></td><td></td><td></td><td></td><td></td><td>—</td><td></td><td></td><td></td></tr>
<tr><td>(1)未计价材料</td><td></td><td></td><td></td><td></td><td></td><td></td><td></td><td>—</td><td></td><td></td><td></td></tr>
<tr><td>……</td><td></td><td></td><td></td><td></td><td></td><td></td><td></td><td>—</td><td></td><td></td><td></td></tr>
<tr><td>(2)计价材料</td><td></td><td></td><td></td><td></td><td></td><td></td><td></td><td>—</td><td></td><td></td><td></td></tr>
<tr><td>……</td><td></td><td></td><td></td><td></td><td></td><td></td><td></td><td>—</td><td></td><td></td><td></td></tr>
<tr><td>(3)其他材料费</td><td></td><td></td><td></td><td></td><td></td><td></td><td></td><td></td><td></td><td></td><td></td></tr>
<tr><td>……</td><td>元</td><td>—</td><td>—</td><td></td><td>—</td><td></td><td></td><td></td><td></td><td></td><td></td></tr>
<tr><td>3.机 械</td><td></td><td></td><td></td><td></td><td></td><td></td><td></td><td>—</td><td></td><td></td><td></td></tr>
<tr><td>(1)机上人工</td><td></td><td></td><td></td><td></td><td></td><td></td><td></td><td>—</td><td></td><td></td><td></td></tr>
<tr><td>……</td><td></td><td></td><td></td><td></td><td></td><td></td><td></td><td>—</td><td></td><td></td><td></td></tr>
<tr><td>(2)燃油动力费</td><td></td><td></td><td></td><td></td><td></td><td></td><td></td><td>—</td><td></td><td></td><td></td></tr>
<tr><td>……</td><td></td><td></td><td></td><td></td><td></td><td></td><td></td><td>—</td><td></td><td></td><td></td></tr>
<tr><td>(3)施工机具摊销费</td><td></td><td></td><td></td><td></td><td></td><td></td><td></td><td></td><td></td><td></td><td></td></tr>
<tr><td>……</td><td></td><td></td><td></td><td></td><td></td><td></td><td></td><td></td><td></td><td></td><td></td></tr>
</table>

注：1.此表适用于装饰工程、通用安装工程、市政安装工程、园林绿化工程、城市轨道交通安装工程、人工土石方工程、房屋安装修缮工程、房屋单拆除工程分部分项工程或技术措施项目清单综合单价分析。

2.此表适用于定额人工费为计算基础并按简易计税方法计算的工程使用。

3.投标报价如不使用本市建设工程主管部门发布的依据，可不填定额项目、编号等。

4.招标文件提供了暂估单价的材料，按暂估的单价填入表内，并在备注栏中注明为“暂估价”。

5.材料应注明名称、规格、型号。

6.进项税系数仅为其他材料费和施工机具摊销费的进项税系数。

表-10

施工组织措施项目清单计价表

工程名称：　　　　　　　　　　　　　　　　　　　　　　　　　　　　　　　第　页共　页

序号	项目编码	项目名称	计算基础	费率（%）	金额（元）	调整费率（%）	调整后金额（元）	备注
1		组织措施费						
2		安全文明施工费						
3		建设工程竣工档案编制费						
4		住宅工程质量分户验收费						
5								
6								
7								
8								
9								
10								
11								
12								
13								
合　计								

注：1.计算基础和费用标准按本市有关费用定额或文件执行。

2.根据施工方案计算的措施费，可不填写“计算基础”和“费率”的数值，只填写“金额”数值，但应在备注栏说明施工方案出处或计算方法。

表-11

其他项目清单计价汇总表

工程名称： 第 页共 页

序号	项目名称	计量单位	金额(元)	备注
1	暂列金额			明细详见表-11-1
2	暂估价			
2.1	材料(工程设备)暂估价		—	明细详见表-11-2
2.2	专业工程暂估价			明细详见表-11-3
3	计日工			明细详见表-11-4
4	总承包服务费			明细详见表-11-5
5	索赔与现场签证			明细详见表-11-6
合 计				

注：材料、设备暂估单价进入清单项目综合单价，此处不汇总。

表-11-1

暂列金额明细表

工程名称：　　　　　　　　　　　　　　　　　　　　　　　　　　　　　　　　　第　页共　页

序号	项 目 名 称	计量单位	暂定金额(元)	备注
1				
2				
3				
4				
5				
6				
7				
8				
9				
10				
合　　计				

注：此表由招标人填写，如不能详列，也可只列暂定金额总额，投标人应将上述暂列金额计入投标总价中。

表-11-2

材料(工程设备)暂估单价及调整表

工程名称：　　　　　　　　　　　　　　　　　　　　　　　　　　　　　　第　页共　页

序号	材料(工程设备)名称、规格、型号	计量单位	数量		暂估价(元)		调整价(元)		差额±(元)		备注
			暂估数量	实际数量	单价	合价	单价	合价	单价	合价	

注：1.此表由招标人填写“暂估单价”，并在备注栏说明暂估价的材料、工程设备拟用在那些清单项目上，投标人应将上述材料、工程设备暂估单价计入工程量清单综合单价报价中。

2.材料包括原材料、燃料、构配件以及按规定应计入建筑安装工程造价的设备。

表-11-3

专业工程暂估价及结算价表

工程名称：　　　　　　　　　　　　　　　　　　　　　　第　页共　页

序号	专业工程名称	工程内容	暂估金额（元）	结算金额（元）	差额±（元）	备注
合　计						—

注：此表由招标人填写，投标人应将上述专业工程暂估价计入投标总价中。结算时按合同约定结算金额填写。

表-11-4

计 日 工 表

工程名称：　　　　　　　　　　　　　　　　　　　　　　　　　　　　　第　页共　页

编号	项目名称	单位	暂定数量	实际数量	综合单价（元）	合价（元）	
						暂　定	实　际
1	人　　工						
	……						
	人工小计		—		—		
2	材　　料						
	……						
	材料小计		—		—		
3	施工机械						
	……						
	施工机械小计		—		—		
合　　计							

注：此表项目名称、暂定数量由招标人填写，编制招标控制价时，单价由招标人按有关计价规定确定；投标时，单价由投标人自主报价，按暂定数量计算合价计入投标总价中。结算时，按发承包双方确认的实际数量计算合价。

表-11-5

总承包服务费计价表

工程名称：　　　　　　　　　　　　　　　　　　　　　　　　　　　　　　第　页共　页

序号	工 程 名 称	项目价值(元)	服务内容	计算基础	费率(%)	金额(元)
1	发包人发包专业工程					
2	发包人供应材料					
	合　　计					

注：此表项目名称、服务内容由招标人填写，编制招标控制价时，费率及金额由招标人按有关计价规定确定；投标时，费率及金额由投标人自主报价，计入投标总价中。

表-11-6

索赔与现场签证计价汇总表

工程名称：　　　　　　　　　　　　　　　　　　　　　　　　　　　　　第　页共　页

序号	索赔项目名称	计量单位	数量	单价(元)	合价(元)	索赔依据
本页小计						—
合　计						—

注：签证及索赔依据是指经双方认可的签证单和索赔依据的编号。

表-11-7

费用索赔申请(核准)表

工程名称：　　　　　　　　　　　　　　　　　　　　编号：

<table>
<tr><td colspan="2">致：________________________________(发包人全称)
根据施工合同条款第______条的约定，由于____________原因，我方要求索赔金额(大写)________元(小写________元)，请予核准。
附：1.费用索赔的详细理由和依据：
2.索赔金额的计算：
3.证明材料：
承包人(章)
承包人代表________
日　　期________</td></tr>
<tr><td>复核意见：
根据施工合同条款第______条的约定，你方提出的费用索赔申请经复核：
□不同意此项索赔，具体意见见附件。
□同意此项索赔，索赔金额的计算由造价工程师复核。
监理工程师________
日　　期________</td><td>复核意见：
根据施工合同条款第______条的约定，你方提出的费用索赔申请经复核，索赔金额为(大写)________元(小写________元)。
造价工程师________
日　　期________</td></tr>
<tr><td colspan="2">发包人意见：
□不同意此项索赔。
□同意此项索赔，与本期进度款同期支付。
发包人(章)
发包人代表________
日　　期________</td></tr>
</table>

注：1.在选择栏中的“□”中作标识“√”；

2.本表一式四份，由承包人在收到发包人(监理人)的口头或书面通知后填写，发包人、监理人、造价咨询人、承包人各存一份。

表-11-8

现场签证表

工程名称：　　　　　　　　　　　　　　　　　　　　　　　　　　　　编号：

<table>
<tr><td>施工部位</td><td></td><td>日 期</td><td></td></tr>
<tr><td colspan="4">致：____（发包人全称）
根据______（指令人姓名）　年　月　日的口头指令或你方________（或监理人）　年　月　日的书面通知，我方要求完成此项工作应支付价款金额为（大写）___________元（小写__________元），请予核准。
附：1.签证事由及原因：
2.附图及计算式：

承包人（章）
承包人代表__________
日　　期__________</td></tr>
<tr><td colspan="2">复核意见：
你方提出的此项签证申请经复核：
□不同意此项签证，具体意见见附件。
□同意此项签证，签证金额的计算由造价工程师复核。

监理工程师__________
日　　期__________</td><td colspan="2">复核意见：
□此项签证按承包人中标的计日工单价计算，金额为（大写）________元（小写________元）。
□此项签证因无计日工单价，金额为（大写）________元（小写__________元）。

造价工程师__________
日　　期__________</td></tr>
<tr><td colspan="4">发包人意见：
□不同意此项签证。
□同意此项签证，价款与本期进度款同期支付。

发包人（章）
发包人代表__________
日　　期__________</td></tr>
</table>

注：1.在选择栏中的"□"中作标识"√"；

2.本表一式四份，由承包人在收到发包人（监理人）的口头或书面通知后填写，发包人、监理人、造价咨询人、承包人各存一份。

表-12

规费、税金项目计价表

工程名称：　　　　　　　　　　　　　　　　　　　　　　　　　　　　　　第　页共　页

序号	项目名称	计算基础	费率(%)	金额(元)
1	规费			
2	税金	2.1＋2.2＋2.3		
2.1	增值税	分部分项工程费＋措施项目费＋其他项目费＋规费－甲供材料费		
2.2	附加税	增值税		
2.3	环境保护税	按实计算		
合　　计				

表-13

工程计量申请(核准)表

工程名称： 第 页共 页

序号	项目编码	项目名称	计量单位	承包人申报数量	发包人核实数量	发承包人确认数量	备注

承包人代表：	监理工程师：	造价工程师：	发包人代表：
日期	日期	日期	日期

表-14

综合单价调整表

工程名称： 第　页共　页

序号	项目编码	项目名称	已标价清单综合单价(元)						调整后综合单价(元)					
			综合单价	其中					综合单价	其中				
				人工费	材料费	施工机具使用费	管理费和利润	风险费		人工费	材料费	施工机具使用费	管理费和利润	风险费

造价工程师(签章)：　发包人代表(签章)： 日期：		造价人员(签章)：　承包人代表(签章)： 日期：

注：综合单价调整应附调整依据。

表-15

预付款支付申请(核准)表

工程名称: 编号:

致:______________________________(发包人全称)

我方根据施工合同的约定,现申请支付工程预付款为(大写)________元(小写________元),请予核准。

序号	名称	申请金额(元)	复核金额(元)	备注
1	已签约合同款金额			
2	其中:安全文明施工费			
3	应支付的预付款			
4	应支付的安全文明施工费			
5	合计支付的预付款			

承包人(章)

造价人员________ 承包人代表________ 日 期________

复核意见:

□与实际施工情况不相符,修改意见见附件。

□与实际施工情况相符,具体金额由造价工程师复核。

监理工程师________

日 期________

复核意见:

你方提出的支付申请经复核,应支付预付款金额为(大写)________元(小写________元)。

造价工程师________

日 期________

审核意见:

□不同意。

□同意,支付时间为本表签发后的 14 天内。

发包人(章)

发包人代表________

日 期________

注:1.在选择栏中的"□"内作标识"√";

2.本表一式四份,由承包人填报,发包人、监理人、造价咨询人、承包人各存一份。

表-16

进度款支付申请(核准)表

工程名称：　　　　　　　　　　　　　　　　　　　　　　　　编号：

致：____（发包人全称）

我方于____至____期间已完成了____工作，根据施工合同的约定，现申请支付本周期的合同价款为(大写)________元(小写________元)，请予核准。

序号	名称	实际金额（元）	申请金额（元）	复核金额（元）	备注
1	累计已完成的合同价款				
2	累计已实际支付的合同价款				
3	本周期合计完成的合同价款				
3.1	本周期已完成单价项目的金额				
3.2	本周期应支付的总价项目的金额				
3.3	本周期完成的计日工金额				
3.4	本周期应支付的安全文明施工费				
3.5	本周期应增加的合同价款				
4	本周期合计应扣减的金额				
4.1	本周期应抵扣的预付款				
4.2	本周期应扣减的金额				
5	本周期应支付的合同价款				

附：上述 3、4 详见附件清单

承包人(章)

承包人代表____________　　造价人员____________　　日　　期____________

复核意见：

□与实际施工情况不相符，修改意见见附件。

□与实际施工情况相符，具体金额由造价工程师复核。

监理工程师__________

日　　期__________

复核意见：

你方提出的支付申请经复核，本周期已完成合同价款为(大写)________(小写________)，本期间应支付金额为(大写)________元(小写________元)。

造价工程师__________

日　　期__________

审核意见：

□不同意。

□同意，支付时间为本表签发后的 14 天内。

发包人(章)

发包人代表__________

日　　期__________

注：1.在选择栏中的“□”内作标识“√”；

2.本表一式四份，由承包人填报，发包人、监理人、造价咨询人、承包人各存一份。

表-17

竣工结算款支付申请(核准)表

工程名称：　　　　　　　　　　　　　　　　　　　　　　　　　　编号：

致：＿＿＿＿＿＿＿＿＿＿＿＿＿＿＿＿＿＿＿＿(发包人全称)

我方于＿＿至＿＿期间已完成合同约定的工作，工程已经完工，根据施工合同的约定，现申请支付竣工结算合同价款为(大写)＿＿＿＿＿＿元(小写＿＿＿＿元)，请予核准。

序号	名称	申请金额(元)	复核金额(元)	备注
1	竣工结算合同价款总额			
2	累计已实际支付的合同价款			
3	应预留的质量保证金			
4	应支付的竣工结算款金额			

承包人(章)

承包人代表＿＿＿＿＿＿　　造价人员＿＿＿＿＿＿　　日　　期＿＿＿＿＿＿

复核意见：

□与实际施工情况不相符，修改意见见附件。

□与实际施工情况相符，具体金额由造价工程师复核。

监理工程师＿＿＿＿＿＿

日　　期＿＿＿＿＿＿

复核意见：

你方提出的竣工结算款支付申请经复核，竣工结算款总额为(大写)＿＿＿＿＿＿元(小写＿＿＿＿元)，扣除前期支付以及质量保证金后应支付金额为(大写)＿＿＿＿＿＿元，(小写＿＿＿＿元)。

造价工程师＿＿＿＿＿＿

日　　期＿＿＿＿＿＿

审核意见：

□不同意。

□同意，支付时间为本表签发后的14天内。

发包人(章)

发包人代表＿＿＿＿＿＿

日　　期＿＿＿＿＿＿

注：1.在选择栏中的“□”内作标识“√”；

2.本表一式四份，由承包人填报，发包人、监理人、造价咨询人、承包人各存一份。

表-18

最终结清支付申请（核准）表

工程名称：　　　　　　　　　　　　　　　　　　　　　　　　　　　　编号：

致：____（发包人全称）

我方于______至______期间已完成了缺陷修复工作，根据施工合同的约定，现申请支付最终结清合同价款为（大写）________元（小写________元），请予核准。

序号	名称	申请金额（元）	复核金额（元）	备注
1	已预留的质量保证金			
2	应增加因发包人原因造成缺陷的修复金额			
3	应扣除承包人不修复缺陷、发包人组织修复的金额			
4	最终应支付的合同价款			

附：上述3、4详见附件清单

承包人（章）

承包人代表____________　　造价人员____________　　日　　期____________

复核意见：

□与实际施工情况不相符，修改意见见附件。

□与实际施工情况相符，具体金额由造价工程师复核。

监理工程师__________

日　　期__________

复核意见：

你方提出的支付申请经复核，最终应支付金额为（大写）____________元（小写__________元）。

造价工程师__________

日　　期__________

审核意见：

□不同意。

□同意，支付时间为本表签发后的14天内。

发包人（章）

发包人代表__________

日　　期__________

注：1.在选择栏中的"□"内作标识"√"；

2.本表一式四份，由承包人填报，发包人、监理人、造价咨询人、承包人各存一份。

表-19

发包人提供材料和工程设备一览表

工程名称：　　　　　　　　　　　　　　　　　　　　　　　　　　　　　　第　页共　页

序号	名称、规格、型号	单位	数量	单价(元)	交货方式	送达地点	备注

注：此表由招标人填写，供投标人在投标报价、确定总承包服务费时参考。

表-20

承包人提供主要材料和工程设备一览表

（适用于价格指数差额调整法）

工程名称：

第　页共　页

序号	名称、规格、型号	变值权重 B	基本价格指数 F_0	现行价格指数 F_t	备注
	定值权重 A				
合计		1			

注：1.“名称、规格、型号”、“基本价格指数”由招标人填写，基本价格指数应首先采用工程造价管理机构发布的价格指数，没有时，可采用发布的价格代替，如人工、施工机具使用费也采用本法调整，由招标人在“名称”栏填写。

2.“变值权重”由投标人根据该项人工、施工机具使用费和材料设备价值在投标总报价中所占的比例填写，1减去其比例为定值权重。

3.“现行价格指数”按约定的付款证书相关周期最后一天的前42天的各项价格指数填写，该指数应首先采用工程造价管理机构发布的价格指数，没有时，可采用发布的价格代替。

表-21

承包人提供主要材料和工程设备一览表

（适用于造价信息差额调整法）

工程名称：　　　　　　　　　　　　　　　　第　页共　页

序号	名称、规格、型号	单位	数量	风险系数（%）	基准单价（元）	投标单价（元）	发承包人确认单价（元）	备注

注：1.此表由招标人填写除“投标单价”栏的内容，投标人在投标时自主确定投标单价。

2.招标人应优先采用工程造价管理机构发布的单价作为基准单价，未发布的，通过市场调查确定其基准单价。